小朋友，兔子哈利又把家里搞出危险了，快跟我们一起看看……

U0243144

图书在版编目 (CIP) 数据

危险的油锅起火 / (英) 格里芬著 ; 李小玲译. —深
圳 : 海天出版社, 2016.8
 (孩子，小心危险)
 ISBN 978-7-5507-1615-5

 Ⅰ.①危… Ⅱ.①格… ②李… Ⅲ.①安全教育－儿
童读物 Ⅳ.①X956-49

中国版本图书馆CIP数据核字(2016)第085660号

版权登记号　图字:19-2016-093号

Original title: Fire in the Fryer
Text and illustrations copyright © Hedley Griffin
First published by DangerSpot Books Ltd. in 2004
All rights reserved.

The simplified Chinese translation rights arranged through Rightol Media
（本书中文简体版权经由锐拓传媒取得 Email:copyright@rightol.com）

危险的油锅起火

WEIXIAN DE YOUGUO QIHUO

出　品　人　聂雄前
责任编辑　顾童乔　张绪华
责任技编　梁立新
封面设计　蒙丹广告

出版发行　海天出版社
地　　址　深圳市彩田南路海天大厦(518033)
网　　址　www.htph.com.cn
订购电话　0755-83460202（批发）0755-83460239（邮购）
设计制作　蒙丹广告0755-82027867
印　　刷　深圳市希望印务有限公司
开　　本　787mm×1092mm 1/24
印　　张　1.33
字　　数　37千
版　　次　2016年8月第1版
印　　次　2016年8月第1次
定　　价　19.80元

危险的油锅起火

[英]哈德利·格里芬◎著　李小玲◎译

海天出版社（中国·深圳）

这是一个阳光灿烂的炎热早晨。蜜蜂们在花园里忙着采蜜。哈利，那只冒冒失失的兔子，也忙着在厨房煮茶。

在花园里，虾猫和土豆狗悠闲地看着蝴蝶们在醉鱼草丛中进食。

"很难逮到机会抚摸他们！"虾猫感慨。

"不要抚摸那些摆动翅膀的蝴蝶，"土豆狗提醒道，"他们会蛰你的。"

5

　　"不可能，他们不会的，傻瓜。他们是蝴蝶，很可爱的小东西。黄蜂和蜜蜂才会蛰我们，"虾猫回答，"他们还会一直嗡嗡嗡嗡地叫！"

　　"嗯嗯，是的。嗡嗡，嗡嗡！"土豆狗若有所思地回应。他舒服地
躺在折叠木椅上，望着天空中像棉花一样的白色云朵。

"这一片云朵好像美味的骨头啊！"土豆狗馋了。

　　哈利把煮好的一杯茶递给虾猫，把另一杯热茶放在土豆狗躺椅的扶手上，这看起来好像不怎么明智。

　　"像骨头？"哈利很好奇，突然抬头望向天空，一不小心打翻了放在扶手上的热茶。

"啊……！"土豆狗尖叫着，一下子从躺椅上跳了起来。

　　土豆狗抱着被烫伤的大腿，痛得在花园里一直跳。虾猫赶紧找来吸满冷水的海绵和毛巾。

“敷一下可以防止红肿，就不会那么疼了。”虾猫安慰道。

"我们来烧烤，怎么样？"哈利建议。

"耶，好呀！"大家一致赞同。

"我们可以一起烤土豆吗？"哈利不好意思地询问。

"当然可以啊，太棒啦！"大家举双手赞同。

"好，我来准备。"哈利自告奋勇，说完又一溜烟地跑开了。

"我们邀请鹦鹉皮洛一起怎么样？"土豆狗建议。

"好呀，他都不怎么外出。"虾猫说。

"是呀，要不他怎么叫'枕头'（单词 Pillow 意思是枕头，用作人名译作"皮洛"。此处为虾猫和土豆狗调侃鹦鹉皮洛像他的名字"枕头"一样不好动。——译者注）呢？"
土豆狗调侃。

"因为他全身上下都是羽毛啊！"虾猫咯咯地笑着。

不一会儿，皮洛、虾猫和土豆狗在烧烤架前见到了哈利。"烧烤的煤块怎么也点不着！"哈利很沮丧。

"你有没有放一些烧烤燃料助燃呢？"虾猫提醒道。

"噢，我忘了！我去取一些。"哈利说着，飞快地冲向车库。

　　哈利很快带着一罐汽油回来了。"我找不到合适的烧烤助燃燃料，但是这个汽油肯定管用。"哈利一边解释一边将汽油浇到煤块上。

　　"这是汽油吗，哈利？"虾猫紧张地问道，她闻到了刺鼻的烟味，感觉很不好。

　　"是的，不过没关系的！"哈利回答，接着划燃了火柴。

　　"什么？不要！……"虾猫吼道。话音未落，砰！烧烤架爆炸了，一团火球直接蹿了上来。大家都感觉被烧焦了，还好都只是轻伤。

　　虾猫责骂哈利道："坚决不能用汽油做燃料助燃，容易爆炸！你这只傻兔子！"

"是的，你根本就不该那么做！"土豆狗也很愤怒。

"愚蠢的兔子！"鹦鹉皮洛也很生气。

　　他们刚清洗干净，虾猫突然注意到厨房方向飘起来的浓烟。

　　"那边怎么烧着啦？"虾猫问道。

　　"哎哟！我把炸土豆的高温油锅忘灶台上了，"哈利说，"我要赶紧去看看。"

　　"什么？"虾猫再次火冒三丈，"你竟然把热油锅放灶台上不管？！"

25

　　哈利冲进了厨房，看到火苗从油锅里蹿出来。他飞快地转过身，从水槽里舀起一碗水，正准备浇向油锅火焰的时候，虾猫及时拦住了他。

　　"千万不能用水浇着火的热油锅！"虾猫吼道，转身首先关掉煤气，接着用一块湿布盖在油锅上面。火苗立马消失了。

　　虾猫接着提醒道："你只能用湿布或者灭火毯。否则，火势会蔓延整个厨房，甚至整座房子也要跟着完蛋！"

　　"更重要的是，我们现在吃不到汉堡包和薯条了！"土豆狗抱怨。

27

　　"没关系，我给大家做三明治！"哈利，这只冒冒失失的兔子又冲了出去。

"下面又会发生什么事呀？"虾猫真担心。

29

厨房安全注意事项

▶ 千万不要把热饮放在孩子能碰到的地方，以免孩子打翻造成烫伤，因为孩子的皮肤非常娇嫩。

▶ 烧伤或者烫伤后第一时间冰敷。

▶ 汽油千万不要用作他用，除了其既定用途。易拉罐要放置在孩子够不到的地方。

▶ 妥善保管打火机，放置在孩子找不到的地方。

▶ 千万不能放任加热的油锅不管，若意外发生火灾，请使用湿布或者灭火毯，千万不要用水。

▶ 在厨房或者房间里放置灭火毯。

▶ 不要让孩子漫无目的地四处乱跑，尤其是在厨房，因为这里容易发生意外。

把印有"小心危险！"标识的贴纸贴在家中危险的地方，以便提醒孩子注意安全。